心法之叁

一个想法改变人的一生

稻盛和夫 著

周征文 译

Kazuo Inamori

いなもり かずお

人民东方出版传媒

People's Oriental Publishing & Media

東方出版社

The Oriental Press

图书在版编目（CIP）数据

心法之叁：一个想法改变人的一生 / (日) 稻盛和夫著；周征文译. — 北京：东方出版社，2015.11
ISBN 978-7-5060-8771-1

Ⅰ.①心…　Ⅱ.①稻…②周…　Ⅲ.①人生哲学—通俗读物　Ⅳ.①B821-49

中国版本图书馆CIP数据核字（2015）第273801号

心法之叁：一个想法改变人的一生
（XINFA ZHISAN:YIGE XIANGFA GAIBIAN REN DE YISHENG）

作　　者：［日］稻盛和夫
译　　者：周征文
责任编辑：贺　方
出　　版：东方出版社
发　　行：人民东方出版传媒有限公司
地　　址：北京市朝阳区西坝河北里51号
邮政编码：100028
印　　刷：北京文昌阁彩色印刷有限责任公司
版　　次：2016年5月第1版
印　　次：2022年1月第5次印刷
印　　数：29 001–32 000册
开　　本：880毫米 × 1230毫米　1/32
印　　张：4.625
字　　数：59千字
书　　号：ISBN 978-7-5060-8771-1
定　　价：35.00元
发行电话：（010）85924663　85924644　85924641

いなもり かずお

Kazuo Inamori

前言

致21世纪的人类及100年后的人类

100年后，巨大的变革必将到来。

到时，人类是否还能生存？完全取决于21世纪出生的年轻人。

100年后，地球人口恐怕会超过100亿。我们的蓝色星球，是否能够承受如此大的负担？

摆在我们眼前的问题已经不少——环境污染、全球变暖……若想继续求生存，人类就必须克服各种困难。

人类具有无穷的欲望。为了争夺粮食和能源，世界局势或许不会风平浪静。因此，100 年后，人类的首要任务是具有美丽心灵。

人类同时拥有“利己之心”和“利他之心”。既会只顾自己、自私自利，也会关爱他人、乐于奉献。

100 年后，随着人口的增加和资源的减少，人类必须抛弃利己之心，弘扬利他之心，学会与人分享。22 世纪可谓考验人心的时代。

在那一天到来之前，如果人类能够美化心灵、提升心性，就能渡过难关。

反之，如果无法消除利己之心，人类就会你争我抢、互相掠夺，从而上演悲剧。

在 21 世纪，人类的心灵会如何变化？这是事关人类未来命运的重大课题。

本书记述了我的人生经验及思考心得。无论是 21 世纪的人类，还是100年后的人类，希望大家都能以我的人生为鉴，思考今后的人生及活法。

稻盛和夫

2015年3月

目录

contents

第七章　为了贯彻信念

第八章　实现“人人幸福”的经营方式

稻盛和夫 生平略述

第一章

思维方式决定人生

决定人生的三要素

——我们每个人都希望自己在人生、事业和学业上有所成就。您用“人生方程式”来表示这种因果关系。按照您的理论，把三要素相乘，便能得出人生的结果，对吗？

在我看来，人生及工作的结果，是由这样的方程式决定的。

人生·工作的结果=思维方式 × 热情 × 能力

我曾思考“能力平庸之人是否能够度过精彩人生”，结合自己的经验，于是得出了这个方程式。

这个方程式中，第一要素是“能力”。

我毕业于小城市的大学，虽然在校园里属于较为用功的优等生，但还是无法与一流大学的高材生相比，因此我并非出类拔萃的人才。但我相信，能力高低并非决定人生的唯一因素。

第二要素是“热情”。

面对人生的热情是非常关键的要素。

正因为如此，我决心“付出不亚于任何人的努力”。虽然我的能力并不高，但在热情上，绝对不能输给别人。

“付出不亚于任何人的努力”是我一直强调的理念。人们往往以为自己已经很努力了，但实际上却远远不够。“是否真正付出了不亚于任何人的努力”是一把非常重要的“标尺”，它能测量热情的程度。

—— 只要拥有热情，即便能力平平，也能以勤补拙。您是这个意思吗？

没错。热情的数值范围和能力一样，都是 0 到 100。以我为例，能力一般，姑且算作 60 分。

但由于我有超出常人的热情，因此热情算作 90 分。60 × 90=5400。

反之，假设有一名毕业于一流大学的优等生，能力卓著，算作 90 分。但由于他自命不凡、好逸恶劳，因此热情算作 40 分。90 × 40=3600。可见，二者的结果截然不同。

即便能力平平，也能依靠意志取得改变。我认为，只要倾注比别人多一倍的热情就可以改变。

思维方式改变人生

然而，比“能力”和“热情”更重要的是“思维方式”。它是指一个人的人生观、价值观及哲学思想，也是一个人思考问题的模式。

有的人瞻前顾后、悲观处世，有的人则充满希望、乐观处世。每个人的想法都不同。

有的人担忧环境的恶劣及世间的矛盾，于是妄自菲薄，怀疑正派及认真的处世态度；有的人则不畏贫苦，为了家人而积极奋斗。

换言之，与能力和热情不同，思维方式的数值范围是 -100 到 +100。愤世嫉俗、犬儒主义、悲观消极、欺骗他人、游戏人生……一旦抱有这种不良的思维方式，能力

我们的一个想法，常常就能改变自己的一生。优秀的思维方式能够让人心想事成。

和热情越高，其人生和事业就越阴暗。

——即便拥有较高的能力和热情，也会由于负面的思维方式而导致不幸。您是这个意思吧。

一个想法，常常会改变人的一生。

良性的思维方式是积极的、富有建设性的，它强调与人合作共赢。充满善意、体谅他人、心地善良、为人正直、做事认真、努力勤奋、毫不利己、抑制贪欲、心怀感恩。这些品质都属于良性的思维方式。

当年大学毕业前，我在找工作的过程中，便产生了这样的想法。我对自己说："虽然学生时代考试落榜，还曾身染肺结核，诸事不顺。但这并不代表幸运之神不会在将来眷顾我，不能抛弃希望，要积极向前。"我以这样的信念坚持到底，最后在老师的介绍下，找到了一份工作，开启了全新的人生之门。

只要保持积极向上、乐观开朗的心态，就能战胜逆境。即便命运多舛，即便能力平平，也不能悲观，要坚信自己的未来必将精彩。总之，乐观的信念是成功的关键。

第二章

挫折磨炼，因缘促成

中考落榜的“孩子王”

——您从懵懂少年到走上社会，期间经历了战争、空袭、落榜和病痛，可谓身处逆境、磨难不断。在我看来，这每件事情都是痛苦的经历，对您而言，其中最痛苦的是哪一件事？

在我 13 岁那年，二战结束了。当时的鹿儿岛由于空袭而沦为一片废墟，我的家也未能幸免，被烧得一干二净。

我家原先是开印刷厂的，还算比较富裕。可在空袭过后，家和厂房都被烧毁，生活顿时陷入贫困。

1944 年（昭和十九年）春天，我从鹿儿岛市立西田小学毕业，参加中考。周围的同学几乎都想报考本地的名校——鹿儿岛第一中学（简称一中）。

我当时是孩子王，看到那些“小喽啰们”都报考重点初中，身为“老大”，自然不能落后。虽然自己当时几乎不怎么学习，但觉得只要稍微努力一把，就能考上。

当时的班主任不喜欢我，说我品行不好，绝对不可能考上一中，还把我的评语写得很差。再加上我自身实力欠缺，结果名落孙山。

摄影：平冈正三郎

空袭过后，樱岛（樱岛火山位于日本九州的鹿儿岛县，是一座活火山。——译者注）和满目疮痍的鹿儿岛市区。

结果，我只能就读“寻常高等小学校”（寻常小学校是日本二战前的一种教育体系。其把小学教育分为寻常小学校和高等小学校两个阶段。而所谓寻常高等小学校是二者后期合并的产物。——译者注），第二年继续参加中考。当时，每次在路上看到自己曾经的“部下”穿着一中校服，就会心生痛苦和惭愧。我至今依然能够清楚地回味那种感觉。

不要放弃！还有出路！

像当时的许多学生一样，我也参加了义务劳动，每天送报，早晚各一次。而就在那一年年末，我患上了肺结核。起初的症状是低烧，母亲带我去医院看医生，结果查出肺结核。当时我家隔壁住着父亲的弟弟，也就是我的叔叔。叔叔和他夫人由于肺结核而相继亡故。

我从书上得知，肺结核是由结核菌感染所致，因此在路过叔叔的房子时，总是捏着鼻子、屏住呼吸，飞奔而过。但小孩子体力不够，中途往往会因为喘不上气而大口呼吸，可谓适得其反。肺结核在以前被视为绝症，或许是由于我太过害怕，脆弱的精神状态导致病魔乘虚而入。我拖着低烧的身体，再次参加了一中的入学考试，结果又一次落榜。考虑到自己有病在身，于是打算放弃读中学。当时有不少人在小学毕业后就参加工作了，我的父母也无奈地接受了我的建议。

当时的班主任土井老师却竭力反对，他对我说：“光小学毕业怎么行?！你必须上中学。”他不但帮我报考了一所私立中学（鹿儿岛中学），还裹着防空头巾，冒着美军的激烈空袭，为我去提交志愿书。

提交完毕后，他径直来到我家，对我说：“志愿书已经提交了，不管发没发烧，你都必须去考。”老师的这份热情让我深受感动，结果我成功考取了鹿儿岛中学。

——是那位老师让您重拾信心，点燃希望，可以这么说吧。

“不要放弃！还有出路！”土井老师的鼓励给了我再次参加考试的动力。如果没有他，我恐怕在小学毕业后就参加工作了。

曲折多变的学生时代

在我中学三年级时，日本的教育制度变成了如今的“六·三·三制”，旧制中学被分割为如今的初中和高中两部分。当时班上的不少同学都打算继续读高中。

父亲则希望我初中毕业后就参加工作，在我的再三请求下，父母总算允许我升入高中。读初中时，学校不但给我奖学金，还免去了我的学费，因此我觉得也可以用同样的方法解决高中的读书费用。

由于改制，时任鹿儿岛中学校长的辛岛政雄老师被调职，成了我的高中班主任。他品格高尚，在其教导下，我学习认真，成绩也有了显著提高。刚升入高中时，其实我的成绩处于年级平均水平，而临近毕业时，我已经名列前茅。高中的学习经历使我树立了自信，也切身体会到了“一分耕耘一分收获”的道理。

当时，我打算高中毕业后就去银行之类的本地企业当个职员，赚钱补贴家用，可辛岛老师却劝我上大学深造。

“我希望两位能让和夫君上大学，他有着其他学生所不具备的资质。”辛岛老师一次次来我家，最终说服了我父母。

“我会争取到奖学金，再靠打工来赚取生活费。”“咱们家穷，如果你能靠自己，我们就同意你上大学。”就这样，父母妥协了。

父亲虽然没什么文化，但由于他曾经营印刷厂，而印刷少不了金属活字，因此他擅长阅读，也算得上是“喝过墨水”的人。他对我说：“既然要上，就上帝国大学。”（帝国大学是日本战前对旧制国立大学的统称。当时共有9所，包括东京帝国大学和京都帝国大学等。——译者注）现在想来，他之所以提出如此高不可攀的建议，或许是为了让我知难而退。

我最初的志愿是九州大学，老师问我：“你有亲戚在福冈？”“没有。”“既然没有，那还不如考大阪大学。”我接受了他的建议，最后决定报考大阪大学医学部药学专业。

目标已定，于是我开始埋头备考。“我不聪明，因此别人努力的地方，我要加倍努力；别人加倍努力的地方，我要付出五倍的努力。”我把这句话当作口头禅，整天努力学习，不惜挑灯夜战，可结果还是落榜了。

我之所以会选择药学专业，是由于自己有身染肺结核的病痛体验。当时的我一心想成为研发新药的专家，加上曾经两度中考落榜，因此拼命发奋备考，誓要一雪前耻。可事与愿违，我又一次失败。家里的经济状况不允许我复读，我只能选择报考当时尚未开考的鹿儿岛大学，最后考取了该大学的工学部。

——在如此曲折的人生中，您获得了不少“贵人”的帮助，这对您如今的工作理念和思维方式有什么影响吗？

我之所以能取得今日的成就，与人生各阶段中邂逅的“贵人”是密不可分的，没有土井老师和辛岛老师，我就不会上高中和大学。而在后来的工作中，我也获得了各界人士的善意帮助。

我相信，每个人都会邂逅自己的“贵人”。家人、亲戚、师长、朋友，他们往往都会提供各种宝贵的意见。

对于这种无偿无私的帮助，自己是否怀有一颗接受善意的坦诚之心。在我看来，这正是改变人生的关键。

我的青年时代可谓充满挫折。12 岁中考失败，13岁身患肺结核，好不容易考取私立中学。高考时，没有考上作为第一志愿的大阪大学，最终进入本地的鹿儿岛大学学习。

大学时代的照片，我位于前排右侧。

我当时学习非常努力，由于买不起昂贵的参考书，因此每天都泡在图书馆。

第三章

面对不幸，不屈不挠

就职于京都的公司，每天在不安中度过

——临近大学毕业，迟迟找不到工作，在大学教授的介绍下，您进入了一家位于京都的公司工作，可据说那家公司的情况并不理想，是这样吧。

1955年（昭和三十年）大学毕业后，我踏上了工作岗位，当时正值朝鲜战争结束，美军不再需要日本提供军事物资，因此经济形势急转直下，毕业生纷纷陷入了就业

难的局面。

虽然我成绩还算优秀，但由于没有人脉关系，面试了好几家公司，却没有一家公司录取我。竹下教授是我大学时的恩师之一，一直承蒙他的照顾。在他的介绍下，我总算被松风工业录用。

松风工业是日本首家高压绝缘子（高压绝缘子是一种陶瓷材质的绝缘器具，能够防止输电线的高压电流向铁塔。——译者注）制造商，曾经名噪一时，可在我入职后，发现这家公司当时的经营状况非常严峻，员工工资的来源是银行借款，而且迟发一周是家常便饭。这让我非常吃惊。

我只身来到京都，手头上没有多少钱，住的宿舍又破破烂烂，勉强算个容身之所。因为没钱，所以我只能在宿舍里用煤炉做饭，靠味噌汤和白米饭果腹，翘首企盼公司发工资。

在就业难的大环境下，在我入职的那一年，松风工业另外还招聘了 4 名大学毕业生。由于头一个月就没按时发工资，因此一到午休时间，我们 5 个新人就会凑在一起，互相倾吐心中的不满："没想到这个公司如此差劲"、"这地方没前途，早点辞职算了……"他们纷纷离职，等到那年秋天，4个人都走了。

——只剩下您了吗？

其实，我也有过辞职的念头，可因为无处可去，所以只得留下。

当时，我每天都在沉思和烦恼中挣扎——"靠辞职就能时来运转吗""还是留在这里为妙吧""如果因为不满而辞职，即便跳槽到其他公司，工作也不会顺利吧"……

——您等于在思考自己的前途，是吧。

思来想去，最后觉得自己还是不得不留下。

当时，每天下班后，我都会去车站前的果蔬店买晚饭的食材。由于我做的是白米饭和味噌汤，因此也就买点油豆腐、大葱和白菜而已。

店老板战前曾在松风工业工作过，他主动和我搭话：

“小伙子看着面生，不是本地人吧。”

“我从鹿儿岛来的，在松风工业上班。”

“你从那么远的地方来啊？真不容易。可怎么去了那家破公司呢？小伙子，你要是待在那儿，将来连媳妇儿都娶不起哦。”

自己费尽千辛万苦才从鹿儿岛来到京都工作，面对如此的评价，我愈发感到凄凉，心情也跌至谷底。

面对如此严酷的现实，我逐渐领悟到，茫然度日只会让人消沉堕落。不管是留还是走，如果不摒弃怨天尤人的态度，人生就不会出现转机。

一旦爱上工作，心情焕然一新

松风工业的传统主打产品是输电线路上的绝缘子，它

1955 年（昭和三十年），我进入京都的松风工业工作。它是一家制造高压绝缘子的企业，创立于 1906 年（明治三十九年）。父母得知我被这家历史悠久的企业录用，起初感到非常高兴……

属于陶瓷类部件。当时，公司把我调到了研究科。

领导对我说："今后是电子工学的时代，我希望你从事新型陶瓷（现在一般称为'精密陶瓷'，精密陶瓷是特种瓷器，其拥有各种特性和功能。通过高纯度的材料和严格的制造工艺生产而成，是电子器械中不可或缺的部件。——编者注）的研究。听说你毕业于鹿儿岛大学，在校时成绩优秀，期待你的成果。"

当时，我一心想忘却现实的苦恼，于是把埋头研究作为一种解脱的手段。

——您的意思是"因为痛苦，所以热衷于研究"？

没错。随着研究的深入，我渐渐感受到了工作的乐趣。由于太过投入，连回宿舍睡觉都觉得麻烦，于是我干脆把锅碗瓢盆都搬到研究室，没日没夜地埋头研究。

—— 等于是把所有的时间都花在了研究上？

在这样的过程中，我的烦恼消失，心境平和，研究成果开始不断显现。

每次向上司报告实验结果和研发成果时，大家都会欢呼雀跃。连董事都来研究室夸奖鼓励我："凭借你的研究成果，我们要让公司重振旗鼓。"于是我愈发积极努力，结果工作变得越来越顺利。

——由于您转变思维、埋头工作，因此产生了良性循环。是这样吗？

没错。当时我去参加行业内的学会，听闻我的研究项目，周围的人都交口称赞："了不起！""有一家美国的知名企业，他们现在的研发方向和你的一样！……"听到这样的话，我得知自己的研发工作属于世界前沿级别，于是干劲更足了。一旦以积极乐观的心态看待事物，就能排除负能量，走上一条光明的人生道路。

一旦爱上了自己的工作，就能产生一种良性循环。后来我才领悟到，这是左右人生的关键因素。

工作的热情加上脚踏实地的努力，终究能够成就大事业。

我们常说“坚持到底，就是胜利”，关键在于“坚持”二字。换言之，要心无旁骛、持之以恒。

对于年轻一代，我最想说的便是“脚踏实地，坚持努力”。学习也好，运动也好，工作也好，都要把自己的任务视为天职，坚持努力，不惜为之付出一生。要想度过充实的人生，就必须做到这点。

再补充一句，只有少数幸运儿能够一开始就把自己的爱好当成事业，大多数人之所以工作，往往是为了生存，这就需要自己主动培养对工作的兴趣。只有努力爱上自己的工作，才能做到持之以恒。

在过去的50多年里，我之所以能够让多个领域的事业开花结果，正是由于做到了“脚踏实地，坚持努力”。

一旦决定，就不改变

——在研究工作持续了将近一年半时，您成功合成了一种新型陶瓷。对吧？

是的。这一成果当时在日本尚属首例。后来，公司为松下电器（如今的Panasonic）集团旗下的松下电子工业提供的部件，便是用这种新型陶瓷材料制造而成的。

在日本开始电视广播后不久，松下电器就开始生产显像管。U形绝缘体是显像管的重要部件之一，当时依靠进口，供货商是荷兰的飞利浦公司。而我研发的陶瓷正是制造该部件的材料，于是松下委托松风工业生产该部件。至此，日本实现了U形绝缘体的国产化，不再需要进口。而松风工业则获得了大量订单，不断向松下交货。

——既然工作变得充实，自身也充满干劲，可您为什么还要辞职呢？

当时，松下公司提供的订单日益增多，而我也渐渐在业内小有名气。

有一天，为了探讨用我所研发的材料制造真空管的可行性，日立制作所的技术人员专程来京都找我。

在交谈中，我得知美国的GE（通用电气公司）已经开始制造小指一般大小的真空管，而日立希望我研发出同样的产品。能够有机会挑战美国大企业的垄断性技术，这让我非常兴奋，于是欣然接受。

我拼命研发，可难度实在太高。好不容易完成的试制品，却被客户一次次地否决。

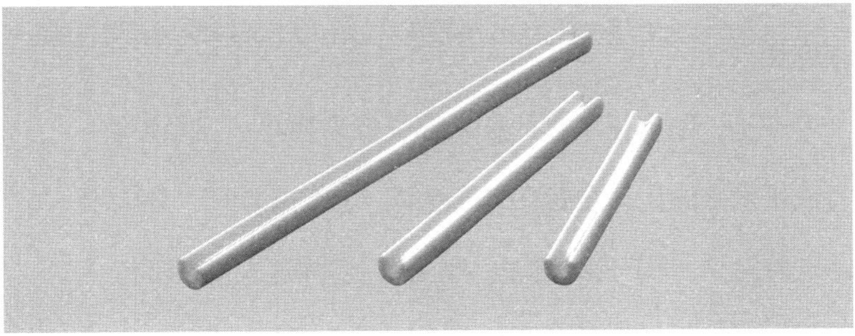

名为“U 形绝缘体”的显像管绝缘部件。在日本，我是首个成功合成镁橄榄石材料的人；在我之前，全世界只有一家公司拥有该技术。

有一天，日立的干部直接给松风的干部打电话。对方抱怨道："希望你们尽快实现品质稳定的量产，否则我们很麻烦。"

于是，刚上任不久的技术部长就来找我："听说你一直没研发出能让日立满意的试制品，怎么搞的？""还需要花点时间。"对于我的回答，他说道："你这人果然不行。"

当时，包括技术人员在内，公司里有不少毕业于京都大学工学部的前辈。因此他对我说："我会让他们接手这个项目，你不用参与了。"

那名技术部长原先在民营铁路公司的研究所工作，一年前刚进入松风工业，对制陶一无所知。

而我则从零开始苦心钻研，取得了让松下都甘愿掏钱的研究成果。他的轻蔑之词让我怒上心头，于是我说："知道了。您要让其他人接手，我只能悉听尊便。既然您认为我这个人没前途，那我辞职。"

"不，我可没叫你辞职。""您对我的评价，影响了我作为技术人员的声誉，我没法再待下去了。”“别这么说嘛。”“我也是人，也是有自尊心的，我决定辞职。”

这话立刻传到了社长那里，他亲自来劝我：“希望你务必留下，我给你涨工资。”“男子汉一言既出驷马难追，我心意已决。”就这样，我离开了松风工业。当时也是年轻气盛，脾气挺倔的。

——提出辞职的时候，新工作是否已经有了着落？

完全没有。当时只是对这种“居高临下，简单粗暴”的态度心生厌恶，我认识到，这家公司无法实现自己的技术梦想，于是决定辞职。

之后，我还差点去了巴基斯坦。一家巴基斯坦的绝缘子制造商曾经和松风工业有过合作，那家公司很大，社长的儿子曾亲自来日本学习技术。我当过他一个多月的老师，他每天坐在我的操作台旁，向我学习陶瓷技术，我们挺谈得来。

在回国前，他曾邀请我去他父亲的公司工作，他父亲开出的工资是我当时的三倍。如果有这么高的工资，每个月就能多寄点钱给老家的父母，报答养育之恩，但我舍不得自己所热爱的研究工作，当时还是婉拒了。

突然辞职，无处可去，于是我给他写信，结果他非常欢迎我去工作。

面对收入可观的职位，我的心绪无法平静，于是去找鹿儿岛大学的内野正夫教授商量。他是我的恩师，一直很赏识我，且在业内声望颇高，曾在中国参与创建轻金属企业，可谓技术方面的专家。

在听取了事情原委之后，他严肃地否定了我的想法。“不行！顶尖领域的技术进步可谓日新月异，凭借你现在的技术实力，的确可以在巴基斯坦赚五六年的钱，可之后呢？等你回到日本，行业势必已经发生变革。到时候，你的技术就过时了。你应该留在日本，继续进行研究。”听了他的这番教诲，我打消了去巴基斯坦的念头。

——从大学毕业后，您就开始从事新型陶瓷的研究。不过这原本并不是您大学时的专业吧？

我原本的专业方向是应用化学中的石油化学，尤其对合成树脂等有机化学（有机化学是研究碳化合物的化学学科。——编者注）感兴趣。当时我觉得石油化学还有发展空间，于是去石油企业面试，可没有一家公司要我。

最后，好不容易有一家公司要我，却是生产绝缘子的制陶商（制陶是一种烧制加工黏土等非金属原料的生产工艺，以炉窑为工具，制造陶器、玻璃、珐琅等。——编者注），由于陶瓷属于无机化学（无机化学是研究无机化合物的化学学科。——编者注）的领域，因此我只得临时更改论文题目，花了半年写完。

在那之前，对于无机化学，我完全是个门外汉，因此拼命查找资料和恶补知识。

并非自己的专业方向，又是刚进公司的新人，对我而言，要合成新型陶瓷材料，简直难于上青天。可我憋着一股劲，不断逼自己“无论如何都要成功”，经过了一年多的埋头研究，终于取得了成功。究其原因，我认为是坚持钻研、发挥创意的结果。

我坚信，只要持续努力，就能到达“山重水复疑无路，柳暗花明又一村”的境界。

即便明确目标、坚实迈进，有时也难免心生不安、不知所措，甚至迷惘彷徨、一筹莫展。如果永不言弃，坚持埋头努力、发挥创意，就能获得意外的灵感和启示。在我看来，这是“天道酬勤”的真实显现，是上天的恩赐。

基于这样的经验，我经常教育员工：“要努力到让神灵都心生怜悯、出手相助。这就是天启（天启是指人类无法凭借自身力量获得的启示。——编者注）。”

因为没钱，所以我只能在屋里用煤炉做饭，靠味噌汤和白米饭果腹。由于太过投入，连回宿舍睡觉都觉得麻烦，于是我干脆把锅碗瓢盆都搬到研究室，没日没夜地埋头研究。

第四章 为了实现理想

创建“为社会、为世人做贡献”的企业

——您之所以创业，是为了继续自己的研究工作吗？

在松风工业从事研究时，我拥有几名助手，他们拥有高中或大学文凭，在我提出辞职后，其中的五六人也表明了辞职的意愿。

他们当时说："我们之所以在松风工作，是因为有你这样优秀的研究员领头。如果你不在那里工作了，我们对这家公司也没什么留恋了。"

——一群同事要追随你？

是的，他们跑到我的宿舍，决定和我一起辞职。

他们之中的牵头人是青山政次先生，他曾是我的上司，和我父亲年纪相仿，当时对我说："你有优秀的技术实力，如果不利用起来，那就是暴殄天物。我有不少京都大学的校友，他们如今在大企业身居要职，我会说服他们出资，助你创业。"我听了之后，顿时欣喜万分。

后来，我和青山先生一起去登门拜访西枝一江先生，他当时是宫木电机制作所的专务，宫木电机是京都的配电盘制造商。

当时的我正好 26 岁，才毕业 3 年，还是个初出茅庐的小伙子。因此，西枝先生见到我后，直截了当地说道："先不管人优不优秀，把宝押在这么年轻的小鬼头身上，将来公司能有前途吗？"

面对质疑，青山先生泰然自若地回应道："我们不是要开商社、做买卖，而是想成为拥有先进技术的制造商。松下的显像管里都有这个年轻人开发的部件，而开发需要大量的资金支持。"

之后，我和青山先生又制订了具体方案，数次拜访。

我也拼命阐述自己的理念："不久的将来，一定是新型陶瓷的时代。"在第三次拜访时，西枝先生终于同意投资。

当时，他对我说："稻盛君，制造业难，高科技制造业更是难上加难。这类企业的成功率不到千分之一，往后的创业过程绝非一帆风顺。可我被你的热情所折服，因此决定伸出援手。"

我曾经的上司，青山政次先生

时任宫木电机制作所专务的西枝一江先生

于是，在西枝先生的多方筹措下，我们获得了300万日元的资本金。

——300万日元？这在当时可是一笔巨款呢。

在1959年（昭和三十四年），这确实是笔大数目，可需要用钱的地方很多。要购买烧制陶坯的电炉等生产设备，又要采购制陶原料，一来二去，资金便捉襟见肘。于是，西枝先生又把自己的住房担保抵押（担保抵押是指把土地和房屋等作为还款保证的一种借款行为。一旦偿还失败，担保抵押的物件就会归债权方所有。——编者注）给了京都银行。他的房子位于京都御所附近，不但独门独院，而且面积很大。因此我获得了1000万日元的贷款。依靠这1300万的资本金，公司才得以正式起步。

——“虽然前途未卜，但为了这个年轻人，甘愿赌一把。”

西枝先生之所以能有这样的气概，想必是出于对您的信任吧。

当时，西枝先生毫无保留地对我敞开心扉：“稻盛君，如果你创业失败，那我的房子就会被银行没收。事关重大，因此我征求了妻子的意见。结果她笑着说：‘既然你被那个年轻人打动了，那我没有意见。’”听了这番话，我深受鼓舞，觉得浑身是劲儿。

他与我素昧平生，却为了我的创业，不惜赌上自己的财产。要是我失败了，就会给他造成莫大的麻烦。为了早日偿还这笔贷款，我拼命努力工作。

——据说京瓷创业初期的员工一共8人，都是您之前的同事，而且大家还歃血为盟（歃血为盟是一种表示信誉或诚意的仪式。比如刺破手指，然后在自己的署名下方摁血手印。——编者注）。

毕竟是小地方出身的人，骨子里可能带点儿“江湖气”。当时包括我在内，8 人一起刺破手指，在誓词上摁了血手印。

秉持“之前的公司忽视了稻盛和夫的才能，为了向世人展示其技术实力，我们要创立京瓷公司”这样的理念，大家还把“为社会、为世人做贡献”写在了誓词书上。

—— 为社会、为世人做贡献？

没错，当时连自己都勉强温饱、前途未卜，却把“为社会、为世人”写在了誓词书上。

而在我 50 岁时，当年歃血为盟的 7 人，都成了公司的专务、社长或会长，作为我的继任者，继续引领京瓷发展。

从人格的角度来说，他们 7 人都获得了成长，取得了进步。与学历和学问不同，人生阅历需要通过不断吃苦来

1959 年（昭和三十四年），27 岁的我创建了京都陶瓷株式会社（如今的京瓷）。初期员工共 28 人。世界知名的城市“京都”以及当时还不被大众熟知的“工业陶瓷”，这两个词构成了公司的名称。

积累沉淀，其间思考的结晶和获取的心得，便是提升心性的源泉。我从他们身上见证了这样的过程和特质，因此让他们继承公司。

自给自足的经营方针

——在创业初期，为了还清贷款，据说京瓷的全体员工都在拼命工作。

当时，我的首要目标是还清西枝先生的借款，可他却否定了我的想法，还教育我：“说什么傻话呢。只要业绩优良，银行就愿意提供贷款。要想让公司发展壮大，就应该提高业绩，不断向银行借钱。你这样胆小怕事，一欠钱就整天想着还债，公司就会止步于中小企业的规模。”

“只要公司业绩好，只要你有能力，想借多少钱都可以，没有必要还清。”虽然西枝先生向我灌输这样的理念，但由于自己生性小心谨慎，我还是认为应该还清。

正因为如此，京瓷很早就开始积蓄资金，构建自给自足的企业经营模式。在这样的方针下，公司一直拥有坚实的基础和富余的资金。

——您为什么如此讨厌欠别人钱呢？有什么理由吗？

其实也没有什么理由，只能说是家族传统吧。二战前，我的父亲曾经营一家印刷厂，当时生意不错，但他并非谙于商道的精明之人。

从农村小学毕业后，他便去了鹿儿岛市内的一家印刷厂当学徒。由于工作认真努力，向印刷厂提供纸张的一个批发商非常赏识他，建议他自立门户。

当时的印刷厂在采购纸张时，往往会把印刷机作为担保物，一旦破产，就归债权方所有。但由于债权方是纸张批发商，因此机器就成了“嚼之无味，弃之可惜”的鸡肋。这也是那个批发商愿意帮助我父亲创业的原因之一。

对此，我父亲一开始是拒绝的，但对方开出了优厚的条件：“钱由我出，纸张也由我提供，还白送你一套二手印刷机。条件如此齐备，你还犹豫什么？”至此，他才答应。由此可见，我父亲并没有积极的创业动机，算不上是商界人才。

处事谨小慎微，工作脚踏实地，以这样的性格和一股子工匠精神，父亲的事业蒸蒸日上，可在二战时的美军空袭中，厂房和设备都化为了灰烬。战后，我母亲一再央求他重操旧业，可他却表示反对：“咱们上有老下有小，贷款买了印刷机后，万一生意失败，一家人怎么过活？我绝对不能让这样的事情发生。”

哪怕在孩子眼里，父亲谨小慎微的性格也是暴露无遗的。由于他的遗传和影响，我也非常害怕和讨厌欠别人的钱，所以才会死守“不背债务，自给自足”的经营方针。

我的母亲乐观开朗。

我的父亲处事谨小慎微，工作脚踏实地，有一股子工匠精神。

顺便提一下，我乐观开朗的性格遗传我的母亲。她不但擅于操持家务，为人处世也非常稳健，不会因为一点小事而惊慌失措。当时，街坊四邻的大妈们经常会来我家的印刷厂帮忙，而她则负责分配工作。

不仅如此，母亲还非常要强。有一次，我在外面和人打架输了，灰溜溜地回来，结果她塞给我一把扫帚，并把我推出家门："再去打回来！"

确立京瓷的"经营目的"

——在努力奋斗之下，京瓷首个财年就成功盈利。可后来有几名年轻员工要求公司向他们提供有关薪水和奖金的保证，还拿着请愿书直接来找您。我听说，这件事对您而言，是一个重要的转折点。

的确，当时我殚精竭虑，努力从事经营。

在创业的第二个年头，公司招聘了十几名高中毕业生。工作一年后，他们总算能够独当一面了。可就在那个时候，他们却突然拿着请愿书来找我交涉，还异口同声地说“心意已决”。

请愿书上有他们的血手印，内容则与工资待遇相关——“希望下次的奖金不少于该数目”“明年春天加薪时，希望能满足这样的条件”“今后几年内，希望公司持续提高我们的待遇”……

他们还说：“如果不满足这样的条件，我们就马上辞职。”

我对此非常愕然：“且慢，你们的要求太过唐突，而且还拿辞职作为要挟，这样是无法解决问题的。我已经告诉过大家，我会努力让公司发展壮大，并给予大家生活上的保障。”我苦口婆心地劝他们要相信我，可他们却固执己见，于是我把他们带到家里。当时我住在京都嵯峨野的市营廉租公寓。

——您把他们带到自己家里？

公寓不大，只有两个小房间，在那较为拥挤的空间中，我和他们继续沟通。

“咱们公司还只有两三岁，其间磕磕绊绊，总算没有出现赤字，但还有很长的路要走。你们要我怎么承诺未来？我不想用不负责的保证来打发你们，如果无法实现，我就成了骗子。”

我接着说道：“为了公司的发展，即便粉身碎骨，我也在所不惜。等咱们做大做强了，肯定有福同享，希望你们能理解我的衷肠，努力工作。”为了表示诚意，我和他们促膝长谈了三天三夜。

——三天三夜？!

是的。当时，我发自肺腑地阐述了自己的想法：“我现在无法保证什么，也无法给予什么好处，但等到公司发展壮大，一定会答谢各位，请相信我。”最后，我甚至毅然宣布：“若有食言，要杀要剐，悉听尊便。”

我把话说到这个份儿上，再加上他们也累了，结果没有一个人辞职。第三天的大半夜，他们离开了我的家。

第二天早晨，当东方泛起鱼肚白时，我才惊觉自己做出了一个天大的承诺。

我家一共七个兄弟姐妹，我排行老二。在踏上社会后，即便收入微薄，我也坚持给弟弟妹妹寄钱。可就在那一刻，我才恍然大悟，自己还必须为员工的生活提供保障。

当时，我连自己的家人和亲戚都照顾不到，却肩负着照顾员工的责任。这让我再次认识到身为企业家的不易。

以此为契机，我开始重新思考经营企业的目的。

在我编写的《京瓷哲学手册》中，开头有这么一句话——“追求全体员工物质和精神两方面的幸福”。我觉

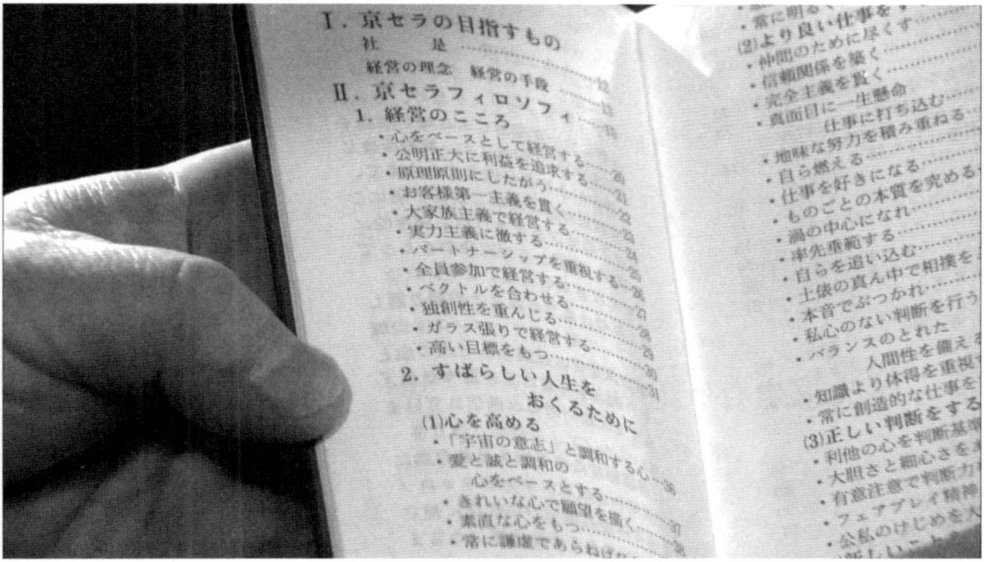

《京瓷哲学手册》的目录。

书的开头注明了经营理念——“追求全体员工物质和精神两方面的幸福”，这使得全体京瓷人能够团结一致、同心同德，从而成为公司发展壮大的原动力。

得这还不够，于是又加了一句“为人类及社会的进步发展做贡献”。

确立了这样的经营目的后，我便前往公司，向全体员工大声宣布。结果当时顿觉心情舒畅，于是继续全力投入经营工作。

为求生存，必须拼搏

——这等于是您从技术专家转变为企业家的瞬间，可以这么理解吧。

最初的创业目的是“向世人展示我的技术实力（通过发布新品，获得认同）”，可在经历这件事后，我惊觉企业家的责任重大。当初真没想到，自己居然打开了“潘多拉的魔盒”。

如果事业失败，和我一起奋斗的员工就会流落街头。一想到这点，我就寝食难安。但身为企业家，必须克服这种心理的脆弱。

既要经营企业，又要完成各项工作，的确非常辛苦。当时，我便悟到了一个道理——为求生存，必须拼搏。

人是高级动物，因此会有骄奢淫逸之心。而纵观大自然的动植物，就会发现，为了生存，它们每天都在拼命努力。

不仅仅是我们常见的野猫野狗，水泥地缝隙中的杂草亦是如此——久逢甘露勤抽芽，烈日暴晒枯萎去。不管身处何种环境，不管是什么动物或植物，如果不拼搏，就难逃灭亡。只有拼命努力的生物，才能存活下来。

人类也是一样，为求生存，必须拼搏。在我看来，这是理所当然。

从表面上看，奋斗的目标是“为了父母、孩子和员工”；从深层次看，奋斗是所有生物的义务。在我看来，这与“众

创立初期的京瓷，位于京都市中京区的西京原町。租用宫木电机的仓库，作为公司用房。

为了庆祝公司成立，当时举办了一个小规模的宴会，席间，我宣布了自己的目标："当下，我们要成为原町第一的企业；接下来要成为西京第一；然后成为中京区第一；之后成为京都第一；进而成为日本第一；最后成为世界第一的企业。"

生皆苦”的道理相通。

奋斗并非一定能出成果。以学习为例，有时拼命努力，却仍然无法取得理想成绩。但如果已经拼尽了全力，就能做到问心无愧、了无遗憾；反之，如果半途而废，必将后悔懊恼、灰心丧气。

因此，不管条件多么不利，也要竭尽全力地奋斗。这可谓是我们活在世上的前提。

我认为，目标越大越好。

第五章

培养人才

孙悟空的启示

——随着京瓷的顺利发展，公司规模也逐渐扩大。从员工数不足百人，到超过二三百人。就在那个阶段，您开始导入一种名为“阿米巴经营”的管理模式，把公司分成数个小集团，进行独立核算（评定盈利能力）。您能简单说明一下什么是“阿米巴经营”吗？

把公司组织分成一个个名为“阿米巴”的小集团，由每个小集团的领导负责运营。集团并非固定不变，它们会根据环境变化来调整结构和规模，这与大自然中的阿米巴虫非常相似，于是我以此命名。

至于我创造这种管理模式的契机，则要从创业初期说起。

我原本是技术人员出身，从事陶瓷产品的研发工作，这是京瓷创立的基础。

研发出的产品往往较为特殊，不但科技含量较高，而且用于专业领域。我作为研发者，如果能够亲自去客户那里讲解和推销，自然能取得更好的效果。因此，我当时不但从事研发，还经常去跑业务。

可随着公司规模日益扩大，员工也逐渐增至一两百人，我一个人再怎么努力，也不可能面面俱到。跑业务、经营公司……对我这个“理科男”来说，这些不熟悉的工作非常辛苦。有一天，我的脑中突然浮现出孙悟空的形象。

——孙悟空？

孙悟空拔下自己的毫毛一吹，就能幻化出许许多多的分身。我当时想，要是自己也有这样的本领，那该多好。只要拔下头发一吹，就会出现多个分身，替我完成各项工作。

拥有和自己相同的经营理念和大局意识，并且态度积极主动。我认识到，这样的人才就是自己所渴望的分身。一旦拥有，就像树木的枝干一样，能够相互联系，落实工作。

与社长、专务、常务、普通员工之类的纵向组织不同，我希望公司里只有两种角色——企业家和合作伙伴。在这种想法的驱动下，我力图构建横向的组织关系。

为了让更多的同事参与经营，我开始给他们分配股份。

——您的意思是，为了培养具有实践经验的管理者，需要把组织细分为一个个小集团，对吧。

领导肩负着管理全局的责任，因此必须具备优秀的思维方式和道德水准。换言之，人性和人品最为重要。

鉴于此，我开始归纳总结自己的人生观和人生哲学，这便是“京瓷哲学”的基础。

在松风工业从事研究工作时，我会把自己的想法写在实验笔记中，这成了我日后归纳总结的有用资料。

我从中获取的心得是“物随心动”——研究的结果往往取决于当时的心态。唯有做到心如止水，才能读取实验时微妙的数值变化。企业家亦是如此，只要心术稍有不正，经营活动便难以保持正道。

——一般认为，自上而下的指令传达更为高效便捷，您对此怎么看呢？

自上而下的方式的确更为高效。

然而，我所涉及的事务太过广泛，无法一一亲自参看，所以采取了“化整为零，独立运作”的经营结构。

每个小集团的领导都必须具备与我相一致的经营思维。

要实现“阿米巴经营”，就必须选拔出领导。而成为领导的首要资质便是“拥有高尚的人格”。为此，我会向候选人灌输京瓷哲学，谁能够真正理解京瓷哲学，就把谁选为“阿米巴单位”的领导。

——最近，“阿米巴经营”仍是热点话题，但也有人担心“阿米巴单位”之间的激烈竞争会产生负面影响。

由于组织被划分为若干部分，每个小集团的运作或许较为理想，但从整体来看，如果每个集团把彼此视为对手，则可能会破坏团结合作。

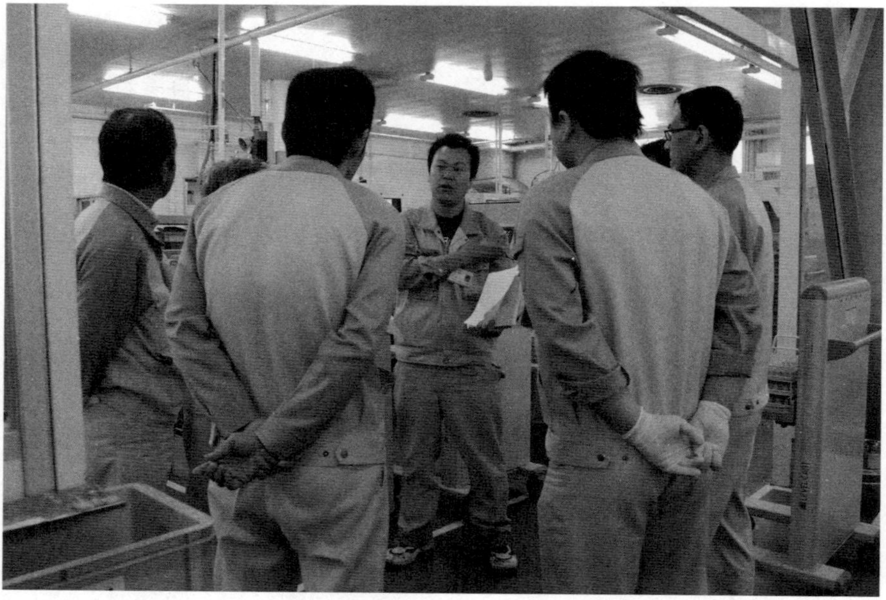

京瓷工厂的晨会情景。

各个“阿米巴单位”每天独立召开晨会，以领导为核心，全员共同探讨和确定月度计划、执行进度及当日生产目标。

所以才需要哲学思想打基础，京瓷哲学的本原是“作为人，何谓正确”。“阿米巴单位”不能自扫门前雪，必须以“和谐团结”的方式成长。只有让员工理解和接受这个道理，企业才能顺利发展。

基于上述考虑，我一直在公司内努力培养自己的“分身”，让他们分担企业经营的责任，这便是“阿米巴经营”的起源。

为同事奉献

——一旦“阿米巴单位”取得成绩，是否有奖金等形式的物质奖励？

对于为公司赚取利润的部门，给予奖金或加薪等形式的物质奖励，这可能是各企业的普遍做法。可一旦业绩不佳，奖金就会减少甚至扣除。

京瓷的阿米巴经营则不同，如果“阿米巴单位”取得了卓越业绩、为公司和同事做出了杰出贡献，并不会获得金钱方面的报偿，公司只会给予赞扬和感谢。这种分配方式是局外人最为疑惑不解之处。

很多人觉得不可思议——“京瓷的员工居然能够接受”，而这源于我一贯的教育。自创业伊始，我就一直强调“为同事奉献，不求回报，并以此为美德”。因此，即便自己所属的部门为公司赚取了利润，京瓷的员工也不会要求加薪。

——您为什么不采取物质奖励的方式呢？

这是出于对人类心理的考虑。业绩大好时，如果给予加薪，员工当然会干劲十足，力图再创新高。

但企业发展不可能永远顺风顺水，一旦业绩恶化，扣除奖金，员工会做何感想？房贷车贷每月等着要还，自然会心生不满、牢骚抱怨，于是影响到公司的人际关系，进而导致企业文化的破坏及整体情绪的负面化。

这样一来，随着公司业绩的上下浮动，员工的人心也难以安定。

正因为如此，对于努力做出成绩的“阿米巴单位”，我只给予赞扬。而其他员工见状后，便会想“多亏了他们的奋斗，企业才能顺利发展，大家才能共享利益”，于是心生感激。换言之，“出成绩、给荣誉”便是京瓷的奖励方式。

全体员工共同努力，追求物质和精神两方面的幸福。这便是京瓷精神的体现。

第六章

坚信自己，必将成功

参与电信业

——您在52岁时，也就是1984年（昭和五十九年），成立了第二电电企划公司（如今的KDDI），从事电信业务。当时，要进军这样一个全新领域，对您而言，既是严峻挑战，又要耗费巨额资金，您为什么想要去做呢？

说起这件事，自己的确够傻的（笑）。对电信业一窍不通的门外汉，居然有勇无谋地闯入了这个领域。

美国是京瓷的主力市场之一，客户众多，因此公司还在美国设立了分厂，我以前经常出差前往。

有一次出差，看到美国当地的京瓷业务员打长途电话打了很长时间，于是我提醒他注意话费。而他把月度话费明细单递了过来，我看后，大吃一惊。和日本的长途话费相比，美国真是便宜了许多。

20 世纪 70 年代，京瓷还只是一家微型企业，当时还没有手机，员工出差到东京，要想与京都总部联系，就只能使用公用电话。一旦接通，就需要把事先备好的 10 日元硬币一个接一个地放入投币口，只打了一会儿，一大堆硬币就用完了。

——日本以前的长途话费确实很贵。

于是我就想，为什么日本的话费比美国贵这么多？其原因就在于垄断，当时日本的电信业被电电公社（全称为日本电信电话公社，如今的NTT集团）这家国营企业所独占，因此话费居高不下。为了打破这样的局面，我决心创立第二电电。

1982年（昭和五十七年），作为国家政改的一环，日本政府放开了电信业。电电公社实现民营化，广大民营企业也有机会获得行业准入资格证。我视其为千载难逢的机会。

信息化社会是大势所趋。我认为，如果能够降低日本昂贵的通信费用，将是一件利国利民的好事。

然而，没有一家企业申请参与。

当时电电公社的年度营业额约为4兆日元，员工数为33万人，可谓业界航母。早在明治时代，它就开始在全国范围挨家挨户地铺设电话线路，其积累的固有资产构成了社会基础设施。

若要与这样的业界巨头展开竞争，就要从零开始，若在每户日本家庭铺设新的电话线路，所需资金可谓是天文数字，因此大家都持观望态度。

自问自答：是否应该开展新事业

——该项目风险巨大，一旦失败，后果严重，所以当时没有一家企业敢出头，是这样吧。

是的，不少企业认为自己“有心无力”，但是我决定放手一搏。面对业界航母般强大的电电公社，我真可谓是“堂吉诃德战风车”（堂吉诃德是西班牙小说家塞万提斯同名小说中的主人公——编者注）。

我对京瓷的干部们说：“我打算成立一家新公司，名为第二电电，进军电信业。创立至今，咱们公司已经拥有了1500亿日元的资金储备，我想动用其中的1000亿日元。”我之所以提出这个数字，是因为即便拿走1000亿，京瓷的家底仍然殷实。

但由于缺乏与电信相关的技术和知识，因此我决定先招聘五到十名优秀的技术专家。

——在您毅然下决心进军新领域之前，经历了怎样的思考过程呢？

当时只是一心想做，不过我非常重视动机。整整半年，每天睡前我都会自问自答，为什么要从事电信业。

“动机至善，私心了无”，这便是我所追求的境界。

当时，我每天这样质问自己：“你想二次创业，成立第二电电。你的动机是出于‘为世人为社会尽力’的善念？还是满足一己私欲的邪念？是否由于被人誉为‘杰出企业家’而得意忘形？是否为了自我表现？”

并非为了一己私欲，而是为了通过市场竞争来拉低话费，从而为国民谋福利。经历了半年的自问自答后，我确定自己“动机纯粹，心无杂念，信念坚定”，于是下定决心，放手去干。

1984 年，在我 52 岁时，创建第二电电（如今的 KDDI）。此照片为创建庆祝会上所拍摄。

整整半年，每天睡前我都会自问自答，以确认自己是否“动机至善”。经历了该过程之后，我才决定进军电信业。

第二电电的诞生

——当时，周围人的反应如何？

当时我正好参加了一个东京的商界聚会。牛尾电机的会长牛尾治朗先生与我私交甚密，席间，我对他说："不打破电电公社的垄断现状，日本的话费就不会便宜下来。既然没有企业愿意与之展开竞争，那么我打算做这件事。"西科姆的饭田亮先生和索尼的盛田昭夫先生听闻后，也支持我的想法，并表示愿意提供协助。

就这样，我听取了多位商界精英的意见，他们的赞同给了我力量。1984 年（昭和五十九年）6 月，"第二电电企划"成立，正式吹响了进军电信业的号角。

——同年秋天，其他企业也开始进军电信业了吧。

其他企业目睹一家原本“八杆子打不着”的京都公司都进军电信业了，或许他们察觉了商机。

在第二电电之后，有两家公司先后宣布上马，分别是国家铁路（如今的JR）旗下的日本Telecom（如今的Softbank Telecom）和日本道路公团（如今的NEXCO）·丰田旗下的日本高速通信。

前者能够沿着新干线铺设光缆，后者能够沿着高速公路铺设光缆。无论设施还是设备方面，两家公司都具有得天独厚的优势。在旁人看来，第二电电根本不是它们的对手。

事实也的确如此，面对如何铺设通信光缆的问题，我当时一筹莫展。

我先是去拜访了国家铁路的总裁（公社的最高领导），提出了请求。我对他说：“既然要沿铁路铺设光缆，多加一条也没啥区别，我们会出钱，希望您批准第二电电能够一并铺设。”对方却断然拒绝：“日本Telecom是我们的子公司，自然有资格使用我们的资源，可凭什么要给你们用呢？”

我反驳道：“铁路原本属于国家设施，是国民的财产，当然应该公益性地开放使用，否则无法彰显公平。”但最后谈判还是无果而终。

接着，我又去找道路公团，请求让第二电电加入铺设光缆的行列，可得到的回答是“该项目由建设省和道路公团牵头，其他单位没有资格参与”。

反观美国，在使用国家公共设施方面，一旦民营企业遭受了不公平待遇，便能够以“反垄断法”的名义起诉。而当时日本的国营企业则不同，它们对于自由竞争和公平意识的重要性还缺乏理解。

事已至此，剩下的办法就是使用无线信号了。当时的计划是修建一批无线基站，覆盖大阪至东京，选址在山中。

然而，日本的无线电波环境非常复杂，自卫队、警察、驻日美军……各机构的无线电波就像一张网，错综地交织在空中。倘若贸然闯入，则会有被屏蔽之虞。不仅如此，无线电波的路径和机理属于军事机密，政府不予公开。面对重重阻碍，当时真是一筹莫展。

而舆论风向也开始发生变化，起初，第二电电被誉为“自由经济的先锋”，可在上述两家有力的竞争对手出现后，唱衰第二电电的倾向日渐明显。

自创业以来，京瓷人就一直贯彻“不走寻常路”的精神，因此我不放弃、不抛弃，坚持思考对策。

——即便在旁人看来，第二电电“万事休矣”，但您仍然不放弃希望？

我拥有“降低话费，造福国民”的远大目标，看似有勇无谋，却毅然前行。这股劲儿在我心中日益高涨。

最后，当时电电公社的总裁真藤恒先生向我伸出了橄榄枝，他说：“我们公司拥有微波（根据无线电波的频率高低，其可以分为若干种，而微波是其中一种，被广泛用于卫星电视等通信领域。——编者注）通信的无线频段，但如今计划全面推行光缆（光缆是一种远距离传送光信号的线路，其由极为细小的光纤构成，具有不受电磁影响、传送速度快、传输距离远等优势，被广泛用于各类数字化通信中。——编者注）。因此，只要你愿意，我们可以提供该频段。”于是，公司获得了新的无线信号资源。

或许真藤先生是基于“如果没有竞争，民营化便不会成功”这样的考虑，才出手相助的。对我而言，他是“救人于水火”的贵人，使得第二电电能够“柳暗花明又一村”。毕竟创立初期的员工人数不足 20 名，在如此势单力薄的情况下，大家心怀远大理想，闯入未知世界。

化压力为动力

——在克服了上述诸多困难之后，终于要开始建设基站了吧。

考虑到成本和利润等因素，最先投入建设的基站总共有 8 处，位于东京、名古屋和大阪之间。在人力和资金都较为有限的情况下，我让4名初出茅庐的年轻员工负责工程，为他们壮行时，我说道："不搞定就别回来。"从购置用地、搭建设施到设置无线电装置，一切都得从零开始，可谓工作繁重、责任巨大。

国家铁路旗下的日本Telecom和日本道路公团·丰田旗下的日本高速通信只要利用既有资源、按部就班地铺设光缆便可，而我们的工程却充满艰险与未知，为了建设基站，必须用直升机或汽车把钢筋水泥运到山顶。

当时，我一次次地鼓励员工，对他们说："这是百年一遇的机会。我们应该感谢上苍，抓住机遇。"

原本想借用别家已有资源铺设光缆，可在国家铁路和日本道路公团的相继拒绝之下，这一希望破灭。面对逆境和压力，大家憋着一股劲儿，热火朝天地投入工作。原本认为至少需要3年才能建成的通信网，在2年零4个月后便提前开通。

——从创立到开业，真可谓一波三折啊。

在登顶困难、险峻陡峭的山上建设基站。

大型器材用直升机运送，小型物件则用汽车或人力运送，总算大功告成。

大家齐心协力、突击奋斗，整个工程一气呵成。

1986年（昭和六十一年）10月，面向企业的商用通信服务正式开始运营。

可由于JR集团和日本道路公团·丰田集团拥有众多的合作伙伴和客户资源，因此在商用领域，第二电电处于绝对劣势，不但初期的合约数量垫底，营业活动也不太顺利。

但在个人长途电话业务方面，由于精心耕耘，第二电电处于绝对的领先地位。“降低国民的话费负担，为社会、为世人做贡献”，在我看来，正是由于贯彻了这样的创业初衷，我们才能取得这样的成果，并从中获得成就感。

——到了1986年，随着通信自由化的逐渐实现，政府又通过了《电波法》（修正案），从而迎来了新一波的浪潮——移动通信自由化。是这样吧。

没错，当时第二电电开业不久。那时候的移动电话非常笨重，只能装在汽车里，但我已经预见到，在不久的将来，移动电话势必会不断趋于小型化，最终进化为手掌大小。因此，在得知国家的新政策后，在第二电电的董事会上，我提议“立即参与”。

我之所以会有如此远见，得益于京瓷的业务范围。早在美国的半导体产业刚起步时，我们便开始着手研发 IC 集成电路。在此过程中，我见证了半导体高性能和小型化的高速发展。

但由于第二电电的经营活动还未迈入正轨，因此，对于我的提议，公司内几乎是一致否定——“哪怕是我国的 NTT 和美国的各大电信公司，在该业务领域仍然无法盈利。我们公司刚刚起步，前途尚未明朗，这时候进军车载电话领域，也太莽撞无谋了吧。”

在这激烈的反对声中，有一名员工站在了我这边，他说：“我觉得会长说得对，该业务很有前景。”

虽然他似乎并不太明白我的理念，性格也有点盲目乐观，但在那种众人反对的情况下，哪怕只有一个“援军”，也让我感到欣喜不已。于是我对他说：“说得好，大家都反对也没关系，咱们两个人来做这件事。”就是在这样的情况下，第二电电的移动电话事业启动了。它便是如今KDDI的“au”移动通信服务的鼻祖。

听起来似乎不太靠谱，但要想成功实现计划，乐观的设想的确非常关键。

虽然我早就预见到移动电话的普及和它为人们所带来的便利，但在推进事业的过程中，各种困难和阻碍可谓层出不穷，一路走来，实属不易。人生处处是考验，如果没有信心，一切都无从开始。因此，我认为，“杜绝烦忧，保持乐观”的心态是非常重要的。

不到成功，决不放弃

——纵观当今商界，越是具有实力和规模的企业，却越是缺乏挑战精神，您认为他们的问题出在哪里呢？

与我同年代的人，都经历过二战后的萧条期。当时，如果不拼命努力，根本无法生存。

而那些亲身经历过残酷战争的日本人，如今都已年近九十。当年，在战后的一片废墟中，他们中的不少人艰苦创业，白手起家。可以说，日本战后的发展复兴，和那帮企业家的努力和热情密不可分。

——您也是他们中的一分子。

我比他们那代人小了一轮。不过，我一直在和那些前辈学习交流。

日本从战后一穷二白的状况下，一路成长为世界第二经济大国，可以说，这都是前辈们的功劳。

而在20世纪80年代后期，日本的经济繁荣期（经济繁荣期是指经济活跃、资金运作顺畅的状态。——编者注）结束，之后的20多年，直至今日，日本经济一直处于低迷震荡的状态。

即便如此，这种不景气并未让日本国民的生活陷入贫穷困顿，经济整体呈现一种“维持小康，缓慢下行”的走势。在这种较为安定的环境下，不少企业家不愿冒险，而是倾向于维持现状。

——您说得对。或许由于生在和平年代，因此日本当代企业家面对环境和市场的变化，往往反应迟钝。

如今的企业家大都是毕业于名校的“学院派”，缺乏在社会上摸爬滚打的经验，也没有做出重大决断的机会。换言之，他们并非久经沙场、白手起家的一代。

如果一家企业尽是头脑聪明的优等生，就无法孵化出成功的风险投资项目（风险投资项目是指具有创造性和革新性的事业。——编者注）。往往在最初的构想阶段，计划就会因为各种否定意见而搁浅，从而导致企业创新乏力。

其实，不管成功也好，失败也好，首先要放手去做，否则一切都是空谈。关键在于树立自信。

自明治时代起，日本的电信业就一直被国营企业所垄断。如今回想起来，第二电电发起的挑战，可谓前无古人。之所以能够成功，正是由于“不到成功，决不放弃”的精神。

我曾向同行分享过京瓷的研发经验，当时有人问我“京瓷的研发成功率是多少”。

对此，我答道：“凡是京瓷从事的研究，100% 会成功。”

面对听者的质疑，我补充道：“在京瓷，如果不成功，研发工作就不会停止，因此几乎不会出现以失败而告终的情况。坚持不懈，直至成功。这便是京瓷人的精神。”

在京瓷，有一种观念叫“陷入绝境之时，正是工作起步之日”，因此几乎不存在中途放弃的情况。一旦开始研究，就要做到成功为止。当然，即便如此，也不可能做到绝对百分百的成功率，但“尽人事，待天命”是京瓷人的一贯态度。

成功不属于爱找借口、轻易放弃之人。只有朝着目标锲而不舍之人，才能最终收获成功。

顺境不骄，逆境不馁

从年轻时起，我便经历了诸多失败与挫折。

遭遇艰难困苦，便想从中解脱，此乃人之常情。但面对残酷的现实，我们往往避无可避。

即使身处逆境、怀才不遇，也要保持乐观、不懈努力。这便是一种人生修行。我也正是通过这种方式，才实现了自己的梦想。

有的创新型企业取得世人瞩目的成功，企业家年纪轻轻，便已然成为亿万富翁。许多人对此羡慕不已，认为这是幸运之神的眷顾。

这样的成功，其实也是一种考验。年纪轻轻便腰缠万贯、身居高位，难免骄傲自满、穷奢极欲。

这样一来，势必会遭受相应的果报。创业之初努力奋斗、勤俭节约，一旦取得成功，却不再认真工作，把时间和金钱都花在休闲娱乐上。

不仅如此，有的人还会变得飞扬跋扈、自以为是。于是成功稍纵即逝，地位丧失，最后陷入悲惨的命运。

即便一帆风顺，也要做到顺境不骄；即便遭受挫折，也要做到逆境不馁。关键在于面对成败时的心态。

直面命运的考验，化压力为动力，促使自己更加努力奋斗。在我看来，这便是修身之道。

第七章 为了贯彻信念

重整JAL的意义

——我们都知道，破产的JAL（日本航空）在您的重整之下起死回生。接下来，我想围绕这个话题，对您进行提问。

由于太过困难，因此当初没有人愿意接手JAL。当得知您出马的消息时，大家真是吃了一惊。您为什么会接受这个艰巨的任务呢？

我对于航空业一窍不通，作为一个门外汉，要让破产的航空公司成功重组，简直是天方夜谭。抱着这样的想法，我最初是拒绝的。面对邀请，我回应道：“精通航空业的经营人才有很多，应该找他们，而不是找我。”

可不管我回绝多少次，对方还是再三拜访。记不清是第五次还是六次，对方说，除我之外，别无人选。这让我甚是为难，于是开始思考重整 JAL 的意义。

首先，如果无人出手相救，那么 JAL 就会走向二次破产之路，这对停滞的日本经济而言，又是一个巨大的打击，进而会对社会造成负面影响。

其次，虽然破产重组会导致裁员，但剩下的员工仍有几万名，为了保住他们的工作岗位，重整势在必行。

最后，如果 JAL 消失，日本的航空业界就会呈现一家独大（一家是指 ANA，即全日本空输株式会社。——译者注）的局面，自由且良性的竞争是资本主义经济的命脉，因此必须竭力避免这种情况的产生。

从上述三点可以看出，JAL 的存亡，具有非常重大的社会意义。至此，我的心念开始变化——“既然大家都器重我，或许我应该不顾个人得失，勇敢承担任务”。

——为了日本社会，即便自己粉身碎骨，也在所不惜。这便是您的初衷吗？

我创立的京瓷和 KDDI（前身为第二电电）运作顺利、资金充裕。由于年事已高，在余下不多的人生中，我希望能为社会再次做出贡献，这便是我决定放手一搏、重整 JAL 的理由。正因为从中感受到了这份意义，我才会同意再次出山。

——您没有担心过失败的后果吗？

没有，我当时只有一个念头，那就是“必须去做”。

2010 年（平成二十二年）2 月 1 日，我就任 JAL 的会长。我与当时的大西贤社长共同出席了记者招待会。

从那天起，直至 2013 年 3 月 31 日，三年间，为了经营 JAL，我拼尽了全力。

在我的人生观里，乐观的心态至关重要，只要抱有些许负面思想，就真的会招致负面结果。

如果信念坚定，即便没有对策，通过努力奋斗，也能拨云见日；反之，如果心存怀疑，即便程度很小，所谓“物由心生”，也会阻碍成功。这便是我的思维方式。

老百姓的想法最为关键

——在您就任之初，对 JAL 的印象如何？

对于航空业，我一窍不通，但从乘客的角度，我认为 JAL 的服务存在诸多问题。出于工作需要，我时常坐飞机穿梭于国内外，因此很有体会。

其实，在加入 JAL 之前的数年间，我根本不愿意坐他们的飞机，会特意选其他公司的航班。

——当时，对于JAL，您最不喜欢的是哪点呢？

应该是“照本宣科”的服务吧。不管从他们的表情，还是态度，都无法感受到“全心全意为客人”的热情，这点让我非常不满。

第一次去JAL开展工作时，我首先见了董事会候补干部。在开会讨论时，我开门见山地告诉他们，自己一直不喜欢JAL的服务。

那次会议进行了一个半小时。会后，我询问了干部们的意见，其间的感受，竟然与我作为乘客时的感受如出一辙。

一个非常官僚的组织，尽是聪明人，大家理论正确，发言精彩。但在我这个老百姓看来，他们却是有口无心。

——有口无心？

我生于百姓之家，从零开始创业，即便取得今日成就，我也从未忘本。

从老百姓的角度来看，如今的许多官僚非常自负，他们把自己看作是国家栋梁和忧国忧民的君子。在他们看来，“治理国家、制定方略、付诸实行”是只属于他们的天职，百姓只要追随便可。

正因为如此，他们完全不去理解百姓的想法。我作为老百姓，对于这种官僚体制，一直嗤之以鼻。

当时，在JAL内部，我发现了同样的毛病。如此下去，数万名员工绝无可能同心同德，公司也难以从破产中复苏。

转变意识

——要想改变思维方式，就需要从根本上转变意识。您当时的切入点是什么？

首先，从根本上抛弃所谓的“精英官僚意识”，然后以人心为本，通过贯彻“爱与诚实”来达到团结员工的目的。

公司的经营层和干部如果不具备令人尊敬和仰慕的高尚人格和思维方式，就无法起到带头作用。因此，我把“转变心境”作为切入点。

——对此，JAL 的干部们反应如何？

一开始，他们似乎有茅塞顿开之感，可涉及具体方案时，我所提倡的“爱与诚实”却令他们不以为然，“脸上要洋溢笑容”“待客要发自真心”……在他们看来，这些内容稀松平常，就像小学生的思想品德条目一样。

那些干部们毕业于一流大学，认为我的理念过于浅显幼稚。但我心里清楚，如果不打破陋习，公司就没有前途。于是，我对他们说道：

“从各位的表情来看，似乎对我的发言不以为然。的确，你们又不是小孩子，这些道理肯定都知道，但‘习得’与‘实践’是两码事。即便脑子里明白，如果不付诸行动，就等同于无知。而所谓人生准则，更是无从谈起。我希望各位从今天起，把‘作为人，何谓正确？’作为判断一切事物的坐标轴。如果一件事违背了‘作为人，何谓正确？’的原理原则，即便对公司有利，即便能够获利，也不应该去做。只有人格高尚，企业才能辉煌。各位或许觉得我自以为是、胡言乱语，但这些根本性的道理，的确是必须真正理解的重中之重。”

——您的话让我醍醐灌顶。对于那些耳熟能详的道理，人们往往以为自己都知道和明白，但真正付诸行动的，的确没有多少。

如果只是作为知识而习得，则并无意义。关键在于，是否把它作为行动的准则。

——既然要推行行为准则，就必须要求全体员工转变意识。您具体是怎么做的呢？

不管是转变全员意识，还是让公司良性发展，企业家的人生观和哲学思想是关键。

我从 1959 年（昭和三十四年）创立京瓷以来，一直把“京瓷哲学”作为企业的经营哲学，并与员工一起学习实践。

“作为人，何谓正确？”是京瓷哲学的基础，其内涵是极为单纯的规范——“不可以撒谎”“不可以给别人添麻烦”“要正直”“不可以贪婪”“不可以自私自利”……孩提时，父母和老师都教过我们这些道理。

如果以这样的“活法”度过人生，不但能获得幸福，还能使企业繁荣。我一直如此教育员工，并与他们共同付诸行动。关键在于，要让员工与自己共享这种思维方式。

——现在，我手头就有一本《京瓷哲学手册》（见 P63 的照片），翻开目录，上面写着“京瓷的目标”，并有许多条目。

※ 把“人心”作为经营基础

※ 遵循原理原则

※ 矢量一致

※ 常怀感恩之心

※ 以利他之心作为判断基准

※ 追求人类的无限可能性

这本《京瓷哲学手册》是京瓷员工随身携带的口袋书。里面的内容或许稍显死板、正经，还有些许禁欲主义的色彩，但在我看来，它非常重要。

京瓷哲学是我从事企业经营的基础，是我做出判断的基准。以它为明灯，我才能够不入迷途，行于正道。甚至可以说，它是我取得事业成功的决定因素。

在 KDDI 的前身第二电电创立时，亦是如此。我是陶瓷领域的专家，对电信则一窍不通。之所以进军电信业，一方面是秉着“为社会、为世人做贡献”的宗旨；另一方面，如果取得成功，就能证明京瓷哲学的正确性。

当时，社会上存在着这样的论调——京瓷无非是搭上了陶瓷业兴起的顺风车，而 KDDI 的发展壮大则证明，成功源于哲学思想。

正因为如此，要想让一度破产的 JAL 获得重生，思维方式和哲学思想是关键。于是，我让干部参考《京瓷哲学手册》，从而归纳总结 JAL 自己的哲学、人生观和思维方式。

当时的社长和干部们聚在一起，连日举办学习会，最终完成了《JAL 哲学手册》的原稿。虽然内容与京瓷哲学类似，但也是他们自主思考的成果。

——我听说《JAL 哲学手册》属于传内不传外的秘籍。

是有这种说法，不过你尽管看，没关系。

——那我就恭敬不如从命了，翻开封面，首先映入眼帘的是您的卷首寄语，然后是企业理念。

JAL 集团追求全体员工物质精神两方面的幸福

※ 向顾客提供最高级别的服务

※ 提升企业自身价值，促进社会进步发展

在制定企业理念时，对于我的提议，从事 JAL 重组工作的注册会计师、律师和财产管理人员都感到不解：“追求全体员工物质精神两方面的幸福？这也太简单了吧。能不能把基调定得再高一些？”

对此，我回答道：“没有必要。如果员工缺乏幸福感，

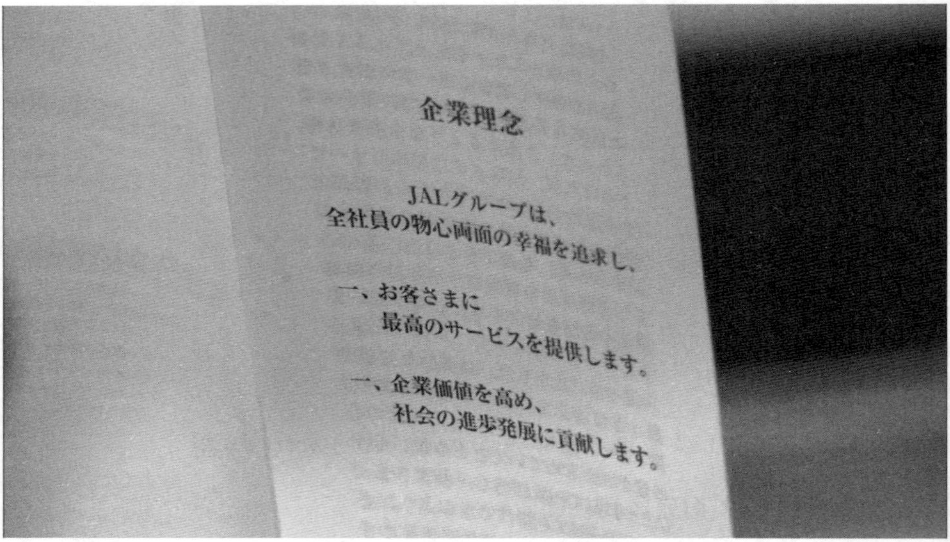

《JAL 哲学手册》中的企业理念

把企业理念聚焦于一点——“追求全体员工物质精神两方面的幸福”。

企业便不可能顺利发展。冠冕堂皇和不切实际的目标只会成为空中楼阁，让员工觉得‘事不关己’。要让员工爱上自己的企业，这才是关键。一旦实现这点，企业价值自然会提升，股价也会水涨船高。创造能让员工感到幸福的企业环境，这是一切的原点，也是成功的不二法门。”

谦虚谨慎，不骄不躁

——近几年来，航空业发生了巨大变化，廉价航空公司异军突起。您作为前辈，对JAL的后辈们有什么忠告吗？

如今的JAL已经涅槃重生，成为盈利能力优秀的航空公司，但危机无处不在，切忌得意忘形。我想对后辈们说“谦虚谨慎，稳重经营”。

有股东曾提出扩张公司规模的建议，但在我看来，如果单纯地把提高营业额作为目标，只会给公司造成负担，只有保持谨慎稳重的经营态度，才能使企业顺利发展。

通过参与经营 JAL，我切身感受到了航空业的不易。即便脚踏实地、努力奋斗，也敌不过一次社会变动的冲击；汇率一变，营业额也会随之变化；中东地区一旦出现纷争，油价就会上扬，航空燃油成本也会随之增加，从而影响利润率；最坏的情况是飞机发生事故，将会给公司造成灭顶之灾。

在 JAL 任职的三年中，我一直在预估可能出现的各种损失，真可谓提心吊胆、片刻不宁。

2012 年（平成二十四年）9 月 19 日，在退市 2 年零 7 个月后，JAL 在东京证券交易所一部（大型公司）再次上市。秉着“无论如何都要成功”的信念一路走来，当时的我，真是感慨万千。

第八章

实现『人人幸福』的经营方式

“盛和塾”的活动

——在迈入知天命之年后，您开始举办名为“盛和塾”的培训活动，以中小企业家为对象，倾注了满腔热情，且坚持至今。您的初衷是什么？想宣扬什么？

27 岁时，我创立了京瓷公司。身为技术人员，我自然了解技术，但对企业经营却一窍不通，只能看样学样、拼命钻研。

到了50岁，我发现，日本的产业结构中，大企业只占极小比例，将近99%是中小企业。广大中小企业家能在哪里学经营呢？答案是没有。

商业职高会教授簿记等财务知识，但不会传授经营企业的方法；大学商学院只会讲理论，不会教实务。

——您的意思是，在学校里是学不到经营的？

在日本，绝大多数的中小企业属于家族企业，祖父或父亲是“创一代”，孩子则继承家业，成为企业家。

财务人员计算每个月的营业额和诸项费用，然后把公司的当月盈亏数字汇报给企业家，企业家则根据所得信息开展经营活动。在许多人眼中，这便是经营了。

何为经营？企业家应该具备怎样的品质和思维方式？这些内容是学不到的。对此，我深感忧虑。

1983 年（昭和五十八年），我创办了面向新兴企业家的培训机构“盛和塾”。如今，其分设机构遍及日本和海外，共计 79 所，学员超过 9000 人。

起初，我把它视为一种奉献社会的志愿者活动，做梦也没想到，居然会发展至如此规模。

今后，只要时间允许，我仍会坚持在“盛和塾”执教，阐述自己对于企业经营和人生道路的理念。

企业家应该为员工谋幸福

——对企业家而言，明明“思维方式”最为重要，可却学不到。您是这个意思吗？

我在创业初期，为了学习企业经营，到处寻找相关书籍，可我发现，没有一本书写有我想知道的内容，因此只得自己摸索，非常辛苦。

作为“过来人”，我想让后辈们明白“何为经营”，这便是开办“盛和塾”的初衷。

“盛和塾”中的“盛和”取自“企业兴盛，品德和睦”之意，同时也是我全名中的二字。至今已经开办 30 多年，其分设机构遍及美国、巴西及中国，拥有 9000 多名学员。昨晚，我还在横滨参加了关东地区的年终塾长例会，做了 90 分钟的讲话。

——能否用一句话来概括企业经营呢？

经营企业是一份责任。即便是微型企业，即便只有10名员工，身为企业家，也必须保障员工及其家人的生活。

我经常会对盛和塾的学员们这么说：“设想一下，如果你们经营不善，使公司倒闭，员工就会流落街头。即便只是继承家业，作为企业家，背负的社会使命同样重大。大家首先必须认识到这点。”

所谓经营，并非单纯地赚取钱财，要想让公司发展壮大，企业家必须懂得财务知识、具备经营理念。此外，员工教育也是重要的一环。

——在您看来，企业家应该具备的品质是什么？

我经常在盛和塾讲课时强调，企业家应该“付出不亚于任何人的努力”。

盛和塾的大部分学员是家族企业的第二代或第三代继承人，我则以长辈的身份，对他们进行严格指导。身为塾生，即便平时不听家里长辈的话，但对于我的教诲，还是不会当耳旁风的。

我对他们说：“既然继承了优秀的公司，你们就应该付出不亚于任何人的努力。作为报恩，要让公司蓬勃发展、规模翻倍。”

许多人会说：“自己已经很努力了。”但是否真正做到了“付出不亚于任何人的努力”呢？做到这点，实属不易。

对此，我经常这样教育塾生：“看看周围的人，在你们睡觉的时候，有的人仍在努力奋斗，你们也不能落后。事业成功绝非易事，如果做不到这点，一切都是空谈。”

这便是我所说的“付出不亚于任何人的努力”。这个道理可谓放之四海而皆准，不仅限于企业经营，学习也好，运动也好，要想名列前茅、出类拔萃，就必须废寝忘食、刻苦努力，否则只能沦为平庸。

——今后的企业经营环境或许会愈加严酷，对于年轻的企业家们，您最想提出的忠告是什么？

要重视经营动机。“想赚钱”“想扩大家业”……抱着这种肤浅的目的，企业势必无法持续发展，即便顺风顺水，也会转瞬即逝。

就像我刚才所说的，企业的雇用行为具有社会意义，在从事经营活动时，必须把全体员工的幸福纳入思维核心。

企业家的人生观、哲学思想及思维方式是决定企业命运的关键。企业的状态只能是企业家才干与人格的外在体现。

一旦担负起经营大企业的责任，就能享受专车接送待遇，还有一定额度的招待费使用权。这是由于工作繁忙、责任重大。为了员工的幸福，企业经营层必须鞠躬尽瘁。作为回报，公司给予一系列待遇。我一直强调，身居高位者，必须拥有相应的责任感和思想觉悟，切不可自以为是。

然而，我们有时会见到一些反面教材。有的人一当上社长或专务，便得意忘形、飞扬跋扈。其实，地位越高，责任越大。我希望企业家能够认真努力、时常自省。

纯朴之心

——企业家常常需要听取下属的汇报和请示，并做出正确判断。在我看来，这真是一项高难度的工作。

我们平时为了不得罪人，往往欲言又止，或妥协让步。但如果想推进工作，就需要具备贯彻原则的勇气。

尤其是企业家，要想推进各项工作，就必须抓住要点、正确决断，因此勇气不可或缺。在长期经营京瓷公司的过程中，我切身体会到了这点。

我小学时是个“孩子王”，大学时又学过空手道，因此对自己的腕力颇有自信。换言之，强健的肉体给了我强大的心灵。

然而，拳头厉害的人往往好勇斗狠，经常会挑起不必要的争斗或强推有问题的项目，从而招致失败。对于企业家而言，需要的不是“野蛮的勇气”，而是“真正的勇气”。

因此，“胆小怕事”是企业家不可或缺的品质。不管是筹措资金，还是开展事业，一开始小心谨慎、瞻前顾后，随着经验的积累，渐渐具备胆识、充满魄力。这种类型的人正是能够获得真正勇气的栋梁之才。

基于这样的思想，我不太任用天生胆大、好勇斗狠之人，而是选择那些胆小怕事、谨小慎微之人，让他们在积累经验的过程中获得勇气。在我看来，这种“真正的勇气”

是企业发展的必要因素。

——孩提时，长辈教导我“要有一颗纯朴之心”，对于企业家而言，这点依然重要吗？

我认为非常重要。

每当看到盛和塾的学员，我都能感受到他们的“纯朴之心”。如果性格乖僻、心理扭曲，就不会来学习经营哲学这种“大道理”，也根本不可能听得进我讲的话。

说到纯朴，不少人往往会联想到顺从和乡愿，但我所说的“纯朴”是指一种谦虚诚实的态度——承认自身不足，努力予以弥补。

能干之人、暴躁之人及自傲之人往往刚愎自用，难以接受别人的意见；一旦遭遇批评，便愤然反击。要想不断取得进步，就必须怀有纯朴之心，虚心听取他人意见，时常反省自我、审视自我。换言之，纯朴之心是一个人成长进步的必要条件。

松下幸之助先生便是“纯朴之心”的倡导者。他连小学都未毕业，却创立了世界级的大企业——松下。纯朴之心正是他成功的原动力。

二战前，他便已经取得了辉煌的成就。如果当时骄傲自满，松下公司或许就会止步不前。但他却一直把“自己非科班出身，没有学问”作为口头禅，通过耳听心记，从别人身上汲取知识和优点。这种“广纳意见，时刻学习”的谦虚态度，使他的一生在不断进步中度过。

所谓“纯朴之心”，是一种“承认自身不足，真诚学习进步”的谦虚态度，它是迈向成功的关键。正因为如此，在《京瓷哲学手册》中，我把“保持纯朴之心”视为重要条目。

要想成功，免不了牺牲自我

——您为了员工及其家人，可谓鞠躬尽瘁。那您自己的家人是否幸福呢？

好尖锐的问题啊。

我有三个女儿，她们小时候，我对她们说过的两段话，至今记忆犹新。一天晚上，回到家后，我对她们说："小学也好，初中也好，不管是家长开放日，还是学校运动会，我都没法出席，实在对不住你们。我有几千名员工，员工们有自己的家庭和孩子，我必须保障他们的生活。虽然这样委屈了你们，但希望你们理解，接受现实。"

还有一次，也是晚上，我对她们念叨："咱们家的房子属于担保抵押财产，在银行的监管之下，如果我不努力工作，害得公司倒闭，不仅是房子，咱们家的东西全都会被没收，最多也就留下点儿锅碗瓢盆。”三个女儿听闻后，感到毛骨悚然。

女儿长大成人后，对我抱怨道：“当时我们还小，你讲这样的大道理，我们怎么可能懂？这也太残酷了。”都怪我，让她们从小担惊受怕。

英国哲学家詹姆斯·爱伦［詹姆斯·爱伦，（1864—1912），生于英国，从38岁起，他专注于写作。其代表作为《原因与结果的法则》。——编者注］曾说：“若想成就大业，必须牺牲自我。”

换言之，成就越大，其相应的自我牺牲也越大。如果惧怕自我牺牲，就不可能成功。

这的确是真理，谁都不可能面面俱到。为了企业和员工，我对自己的家人亏欠太多，可她们却甘心承受、不离不弃。有如此贤惠的妻子和听话的女儿当我的贤内助，真是我的福分。

工作的喜悦

——您怀着崇高的觉悟，一路走来。接下来有什么打算呢？

JAL 步入正轨，我也功成身退。我打算利用闲暇旅行，放松身心。

回顾过去的岁月，我一直埋头工作。有人曾问我，整天工作的生活是否索然无味。因为不少人认为兴趣和娱乐不可或缺，但在我看来，要想获得真正的喜悦，唯有工作。

只有具备“工作充实”的前提，才能体会兴趣和娱乐的甘甜。如果怠慢事业，沉湎玩乐，或许能获得一时的满足，但终究无法享受到发自内心的喜悦。

工作的喜悦并非单纯浅薄、甜腻若醴，而是苦尽甘来、绵绵不绝。换言之，工作的甜美存在于攻克难关的那一刻。

正因为如此，工作的喜悦非常特别，其绝非玩乐所能替代。回顾人生，我切身感受到，克服困难、完成工作时的成就感是一种无可替代的喜悦。

然而，有时即便拼命工作，也难以获得希望的成果。这时，不仅没有成就感，还容易灰心丧气。但在我看来，这种现实的挫折，正是完善自身、磨砺人格的修行机会。

——要怎么做，才能像您这样热爱工作呢？

不管什么工作，只要拼命钻研，就能渐渐从中发现乐趣，从而激发主观能动性，最终取得成果。在这样的良性循环中，你不知不觉就会爱上自己的工作。

即便非常讨厌自己的工作，也要试着努力一把。只要下定决心、积极面对，就能改变自己的人生。

关键在于“战胜自我”，如果不克制自己的欲望和懒惰，既无法成就事业，也无法发挥潜力。

以“学霸”为例，他们忍住不看自己感兴趣的电影和电视节目，也不随波逐流、贪图安逸，而是积极主动地投入学习。社会上的成功者亦是如此，他们克制玩乐的欲望，埋头努力工作，自然能够出成果。

换言之，能否爱上自己的工作，其关键在于，是否能够心无旁骛地埋头努力。

——在您看来，工作是崇高的。对吧。

如果只把工作视为获取物质资料的手段，那就大错特错了。

我想让年轻人明白，工作具有意义和价值。不管什么职业，都是一种向社会学习的途径，都是一个促使自身成长的舞台。

真正塑造人格的并非天资和学历，而是所经历的挫折和苦难。

纵观体育界，亦是如此。历经挫折、克服万难的运动员，往往散发着人格魅力。换言之，阅历就如同人生路上的车辙，构成了人格的图谱。

为了提升心性、丰富心灵，就必须努力工作。我认为，只有这么做，才能给自己的人生增光添彩。

——您认为“看似平凡的努力”非常重要。对吧。

我一直坚持努力，埋头从事“看似平凡的工作”，因此取得了今日的成就。

年轻人往往心怀远大理想，力图成就伟业。然而，千里之行始于足下，任何梦想的实现，都少不了看似平凡的努力。如果不脚踏实地，梦想只能沦为空中楼阁。

人生之路没有像自动扶梯那样的便利工具，只能依靠自己，一步一个脚印地前行。

对此，不少年轻人不以为然，认为“一步一个脚印”实在太慢，照此速度，一辈子都无法成就梦想。他们不明白积累的妙处，一步步的积累会产生魔法般的加成效果，最终实现从量变到质变的飞跃。

通过看似平凡的努力积累，能够取得成果，从而树立信心，唤起更为强烈的奋斗意识。通过这样的循环，在不知不觉中，便已取得原本无法想象的成就。我就是一个活生生的例子，一个生于鹿儿岛的乡下小伙，其貌不扬，能力平平，却取得了今日的成就。

在我看来，不管是学习、运动还是工作，它都是实现梦想的不二法门。

“认真努力地埋头工作”，这听起来稀松平常，但却蕴含了人生的真理。

无论何时，都要保持开朗和感恩的心态

俗话说“吉凶并存，祸福同在”，意思是人生顺逆交汇、跌宕起伏。因此，不管遇到好事还是坏事，都要心怀

感激。不管获得福报，还是遭遇灾祸，都要感谢上苍。

人生晴雨不定，应常怀感恩之心。这说起来简单，做起来却极为困难。一旦遭受苦难，把其视为修行而心怀感激的人可谓寥寥；绝大多数人往往会想：“为什么就我这么倒霉？”从而心生怨恨。这是人性使然。

反之，如果享受幸福，就会感恩吗？答案是否定的。绝大多数人往往把拥有的视为理所当然，且欲望膨胀、希求更多。这也是人性使然。

不管身处顺境还是逆境，关键要把“感谢”铭刻于心。即便不发自肺腑，也要督促自己具备感恩的心态。

遭遇困难时，要感谢上苍给予自己磨炼成长的机会；一帆风顺时，更要心怀感恩之情。要在日常生活中有意识地培养这种心态。

一旦学会感恩，不管遇到什么情况，都能体会到人生的满足感。

这样一来，即便面对艰难困苦，也能乐观地高举理想大旗，使人生精彩纷呈、充满希望。说来奇妙，乐观开朗者往往一帆风顺、心想事成；怨天尤人者往往诸事不顺、充满坎坷。

首先要坚信自己的人生必将辉煌，然后坚持付出不亚于任何人的努力，长此以往，一定会前程似锦。

★本书内容取自 NHK BS premium 电视台于 2014 年 2 月 9 日播放的节目《100 年 interview/ 企业家·稻盛和夫》。

稻盛和夫 生平略述

1932年（昭和七年）1月30日生于鹿儿岛县。

1955年（昭和三十年）毕业于鹿儿岛大学工学部，就职于京都的绝缘子生产商——松风工业。

1959年（昭和三十四年）4月，创立京都陶瓷株式会社（如今的京瓷株式会社），并使其发展为拥有广泛产品线的世界级优秀企业，涵盖材料、半导体、电子元件、电子产品及整体解决方案等领域。曾任社长、会长，1997

年（平成九年）转任名誉会长。

1984 年（昭和五十九年），随着日本政府开放电信业，创立 DDI（第二电电株式会社）。在致力实现日本国内长途电话平价化的同时，从 1987 年（昭和六十二年）起，又进军移动通信领域，在日本各地相继设立 8 家 Cellular 电话会社，构建起了覆盖全国的通信网络。

2000 年（平成十二年）10 月，KDD、DDI 和 IDO 三社合并，株式会社 DDI 成立（如今的 KDDI 株式会社），任名誉会长。2001 年（平成十三年）6 月，转任最高顾问。

2010 年（平成二十二年）2 月，就任日本航空（JAL，如今的日本航空株式会社）会长。后担任董事长，2013 年（平成二十五年）4 月，转任名誉会长。

在经营企业的同时，基于“为社会、为世人做贡献”的理念，在 1984 年（昭和五十九年）4 月以个人财产创办了稻盛财团，就任理事长。

1985 年（昭和六十年），设立国际大奖“京都赏”，旨在表彰对人类社会发展做出卓越贡献的人士，并开始资助年轻有为的国内科研人才。

此外，还在 1983 年（昭和五十八年）创办了面向新兴企业家的培训机构“盛和塾”，其分支机构遍布海内外，总计 79 家（海外 25 家），学员 9000 余人。作为塾长，向新一代企业家阐释经营要诀及自身修养。

其主要著作有《京瓷哲学：人生与经营的原点》《活法》《成功的诀窍》《稻盛和夫的实学》《活法青少年版：你的梦想一定能实现》《干法》《稻盛和夫与福岛的孩子们》《坚守底线》《活法贰：成功激情》等。